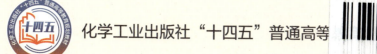
化学工业出版社"十四五"普通高等

包装造型与结构设计

史 墨 编著

化学工业出版社

·北京·

内容简介

本书主要着眼于包装设计的难点和基础部分，即包装结构设计和包装造型设计，并以此作为本书的切入点，详细讲解如何从造型与结构进行包装设计实践。其中单元一从包装功能、分类、历史等方面阐述了包装设计的相关基础知识。单元二则从设计原则、方法、过程等方面详细讲授如何进行包装外观造型设计。单元三主要从结构功能、结构分类和结构方法方面讲授了如何通过设计优化包装结构。单元四通过优秀案例赏析，呈现设计亮点，讲述如何通过改变包装常规结构实现减量设计、如何通过优化结构设计增强减震功能、如何通过结构的巧妙变化实现包装再利用等。

本书由浅至深、循序渐进，追踪学科前沿，充分诠释了设计构思与实践方法，是一本具有指导性和实用性的师生教学用书，也可以作为相关行业从业者的参考读物。

图书在版编目（CIP）数据

包装造型与结构设计 / 史墨编著. -- 2版. -- 北京：化学工业出版社，2025. 1. -- （化学工业出版社"十四五"普通高等教育规划教材）. -- ISBN 978-7-122-47062-1

Ⅰ. TB482. 2

中国国家版本馆CIP数据核字第2025G2X966号

责任编辑：李彦玲　　　　　　　文字编辑：任欣宇
责任校对：刘　一　　　　　　　装帧设计：梧桐影

出版发行：化学工业出版社
　　　　　（北京市东城区青年湖南街13号　邮政编码100011）
印　　装：北京瑞禾彩色印刷有限公司
787mm×1092mm　1/16　印张5¾　字数122千字
2025年3月北京第2版第1次印刷

购书咨询：010-64518888　　　　　售后服务：010-64518899
网　址：http://www.cip.com.cn
凡购买本书，如有缺损质量问题，本社销售中心负责调换。

定　　价：59.80元　　　　　　　版权所有　违者必究

前言

　　包装设计，是视觉传达设计中的重要组成部分。在日常生活中，商品的包装如同建立在消费者与产品之间的一座桥梁，直接影响着消费者的购买行为。在艺术设计本科教学中，包装设计是一门实践性很强的设计课程，在视觉传达设计教学体系中始终占据着重要地位。

　　包装设计不仅涉及到二维的平面设计，还涉及到三维立体设计。具体可细分为：包装造型设计、包装结构设计、包装材料与工艺设计，以及包装平面设计等几个部分。在包装设计课程的学习过程中，可以通过从部分到整体的学习方法，逐一掌握各个基础部分，而后融会贯通，全面提升设计实践能力。

　　《包装造型与结构设计》一书的再版是在该书第一版的基础上修改而成的。相较于第一版，第二版在内容与图例方面进行了修改与更新，使之更加全面、新颖，且符合市场需求。本版教材保留了第一版的部分内容，在大体结构不变的情况下，有以下几个方面的修改。

　　首先强化了实用性，为了便于学生更好地掌握包装设计的相关内容，本书进行了更加宽泛的案例分析，通过实际案例使学生轻松掌握包装结构的设计要点。

　　其次，随着网络信息的快速发展，设计信息以及相关资讯也在快速更迭，因此本书在第二版中更新了大量的案例和图例信息，旨在满足学习者对于前沿、新颖案例的迫切需求。

　　最后，本版教材在讲解知识的同时，应用了大量在设计竞赛中脱颖而出的优秀作品，帮助读者开阔眼界、提升审美的同时，也为当代大学生在各类设计赛事中提供了更多参考。除以上所述，第二版针对造型和结构进行"创意"过程的讲解以及案例分析，也可以使学生对于三维立体的创意方法有迹可循，有法可依。

　　《包装造型与结构设计》一书的再版，希望能够成为一本帮助到广大学生的"有用"的书籍，同时也为设计爱好者提供一本翻翻看也很"有趣"的书籍。

　　本书的不足和疏漏之处，敬请专家学者和广大读者批评指正。

　　本书为北京印刷学院校级教学改革与课程建设项目，项目编号：221501180021004，感谢学校的大力扶持。

北京印刷学院　史墨

2024 年 11 月

目录

单元一

包装设计总论

一 包装的含义与功能

1. 包装的含义

包装设计是一门综合性很强的学科，与人们的生活息息相关。伴随着商品经济的高速发展，包装设计作为商品生产的终端环节，成为沟通生产与消费不可缺少的桥梁。从原始社会的彩陶容器到今天琳琅满目的商品包装，包装的形式与功能不断地发生着变化，它已经成为我们生活中必不可少的一部分。

包装是指产品在流通过程中，为达到保护产品、方便储运、进行促销等的目的，按照一定的要素所采用的容器、材料及辅助物的总称。从经济学的角度来解释，包装是商品的附属品，是实现商品价值和使用价值的一个重要手段。（图1-1～图1-3）

图1-1

图1-2   图1-3

2. 包装的功能

包装作为沟通消费者与产品的桥梁和纽带，具有容纳、保护、方便、传达、销售五大功能。

（1）容纳功能（基本功能）

是指储藏和容纳，以及包裹商品的功能，即商品的存在空间。在经济高速发展的今天，任何一种产品都需要包装，这是其进入经济市场的前提。如图1-4、图1-5所示，巴兹优质蜂蜜瓶形包装设计独特，木质外包装按照仿生学的概念进行设计，创意新颖，凸显了优质蜂蜜新鲜健康、接近自然的特点，是一款非常富有艺术魅力的瓶装设计。

图1-4   图1-5

（2）保护功能（基本功能）

和容纳功能一样，保护功能也是包装最基本的功能之一。任何一种商品，从生产到销售，要经过多次的流通，才能进入市场，最终到达消费者的手里。在这个过程中，商品会受到来自两方面的损伤：因自然条件变化而产生的损伤，人为因素造成的损伤。所以，商品包装需要具备足够的抗震缓冲功能，从而起到有效保护商品的作用，这也成为商品包装最为重要的目的之一（图1-6、图1-7）。

图1-6   图1-7

（3）方便功能（实用功能）

在商品整个流通过程中，以人为本、站在消费者的角度进行包装的设计，会给人带来各种便利的条件，包括使用的方便、储运的方便、销售的方便等等（图1-8、图1-9）。

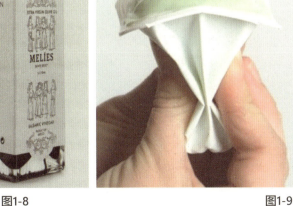

图1-8   图1-9

3

（4）传达功能（信息功能）

大型购物中心与各种大、中、小型超市的涌现，为包装的发展带来了新的契机，优秀的包装设计具有较强的信息传达功能，它能在瞬间使消费者产生深刻的印象，准确地传递商品信息（图1-10、图1-11）。

图1-10

图1-11

（5）销售功能（审美功能）

随着商品市场的繁荣发展，商品包装设计的审美特性日益显示出它的强大功能。自助式销售方式的兴起，使购买形式和销售方式发生了重大变化，商品包装成为了新的销售媒体，对产品进行着无声的宣传（图1-12）。

图1-12

二 包装设计类别

研究包装的种类可以帮助设计者对包装的形态、功能、材料、技术等方面有一个初步的认识，对于规范不同种类包装的称谓也有一定的意义。但是，目前对此还没有统一的标准。不同的学者根据不同的分类角度，有各自不同的见解。一般来讲，销售包装与运输包装是普遍公认的两大类。

基于对包装造型与包装结构的研究范围，我们从包装销售与运输方面划分包装类别，可分为：运输包装与个体销售包装以及介于二者之间的中包装。

①运输包装：又称大包装。生产部门为了方便记数、仓储、堆存、装卸和运输，把单体的商品集中起来，装成大箱，这就是运输包装。运输包装需坚固耐用，不使商品受损，在一定的体积内合理地装更多的产品。由于它一般不和消费者见面，故较少考虑它的外表设计。为方便计数及标明内在物，只以文字标记货号、品名、数量、规格、体积，以及用图形标出防潮、防火、防倒等要求就可以了。

②中包装：是介于运输包装与个体销售包装之间的包装形式，比销售包装有更多的保护功能，比运输包装有更多的销售功能，由于大型购物中心与超市的销售特性，这种包装也越来越受到人们的重视。

③销售包装：也可以称为小包装，是个体商品的外部包装，直接面对消费者，在货架上陈列，消费者可以通过销售包装了解产品信息，从而选择满意的商品。

除了从销售与运输两大功能上去考虑包装的种类，还可以从材料、技术、体积、风格上去划分包装的种类。

①按包装形态分类：包装箱、包装盒、包装瓶、包装袋、包装罐、手提式包装、折叠包装、可挂式包装、pop式包装等。

②按商品内容分类：食品包装、日用品包装、烟酒包装、化妆品包装、医药包装、家电包装、工艺品包装、儿童玩具包装、化学品包装、纺织品包装、军需品包装等。

③按包装材料分类：纸包装、金属包装、玻璃包装、木包装、竹包装、布包装、塑料包装、陶瓷包装等。

④按包装技术分类：真空包装（贴体包装）、冷冻包装、充气包装、绿色包装（生态包装）等。

⑤按包装风格分类：礼品包装、传统包装、现代包装、简约包装等。

三　包装设计的历史脉络

1. 原始包装形态

人类的祖先利用大自然中自然生长的植物叶子、果壳、果皮等天然原材料对物品进行包裹、捆扎以及盛装。原始包装的特点是就地取材，物尽其用（图1-13～图1-16）。严格意义上说，这种包裹不具备设计的含义，它是包装的萌芽。

图1-13

图1-14

图1-15

图1-16

2. 古代包装形态

随着生产技术的大幅进步，物质资源更加丰富，生产和生活资料出现了剩余，于是，交换的现象出现了。产品在交换过程中需要有更加牢固、结实、美观的包装。这个时期，陶瓷、竹材、木材、丝绸等都被用作包装材料。包装更为美观，做工更加精细（图1-17～图1-21）。

图1-17

图1-18

图1-19

图1-20

图1-21

3. 近代包装形态

进入工业社会，机器的批量生产使产品制造业空前发展，同时也促进了产品包装质量的不断提高。包装进入一个全新的阶段，包装的目的不再只是单纯的保护与储藏商品，同时还肩负美化商品、增加产品附加价值以及促进销售等责任（图1-22～图1-25）。

图1-22   图1-23

图1-24

图1-25

4. 现代包装形态

二十世纪六七十年代，超级市场的出现、摄影技术的使用、新材料新工艺的发明以及条形码的推广都为商品包装带来了空前的发展和繁荣。二十世纪九十年代，"生态与环保"理念得到人们的高度重视，"绿色生活""绿色设计""绿色包装"成为了人们对包装设计的新需求（图1-26~图1-29）。

图1-26   图1-27   图1-28   图1-29

5. 包装设计发展趋势

随着环保意识的加强，全球掀起了绿色浪潮。人们对"绿色生态"有了越来越多的关注。商品包装作为人们生活中不可或缺的部分，也将以"利用资源，保护环境"为出发点，"以无胜有，以少胜多"为设计理念，赋予包装全新的情感诉求与人文关怀（图1-30、图1-31）。

图1-30   图1-31

四　包装设计构成要素

1. 包装立体形态设计要素

　　包装立体形态设计要素主要包含两个部分，即：包装造型设计与包装结构设计。包装造型设计主要是指从科学原理出发，针对包装的外部形态进行造型设计。而包装结构设计则是根据不同材料和不同成型方式，对包装内部结构所进行的设计。二者相互联系，相互作用（图1-32）。

图1-32

2. 包装品牌设计要素

　　产品品牌形象和推广策略是包装设计的重要组成部分，也是企业通过商品销售进行自我宣传的重要途径。合理地将品牌策略融入包装设计是其区别于其它同类商品的方法和手段。图1-33是一款袜子的包装设计，包装突出了"在鞋子里找到属于自己的袜子"这一品牌特点。包装设计了男鞋、女鞋、童鞋、运动鞋等多种款式，消费者总能从中找到适合自己的袜子。该包装设计从品牌特点出发，迎合消费者的审美趣味，有利于品牌推广。

图1-33

3. 包装平面设计要素

包装平面设计要素主要指包装视觉传达设计要素，通过对包装上的图形、文字、色彩、版面进行设计，达到理想的视觉效果，可以实现包装的促销功能（图1-34～图1-37）。

图1-34

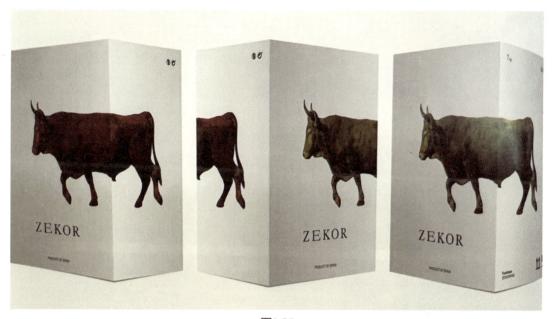

图1-35

图1-36

图1-37

　　如图1-38的披萨包装，其盒盖部分的翻转结构设计非常巧妙自然地将品牌与产品信息呈现给消费者。包装设计中运用具有强烈美感的图形元素，搭配经典的字体，以及使用强烈的色彩对比关系，可以营造出具有视觉审美的包装设计，从而有效地吸引消费者的注意（图1-39）。

图1-38

图1-39

4. 包装材料工艺设计要素

包装材料与成型工艺是实现包装设计的载体，因此，根据不同性质的商品，恰当地选择包装材料，合理地利用工艺技术，是包装设计的物质基础和先决条件（图1-40～图1-43）。

图1-40

图1-41

图1-42

图1-43

单元二

包装造型设计

　　包装容器造型设计是一门空间立体艺术，主要以玻璃、陶瓷、塑料等材料为主，利用各种加工工艺在空间中创造立体形态。图2-1是一款牛奶的饮品包装设计，包装外观方面使用飞碟的形态进行了瓶盖的设计，造型独特，易于联想，同时具有趣味性。

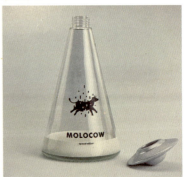

图2-1

　　包装容器造型工艺复杂，形式多变。实践证明，只有掌握科学的设计方法，正确运用各种艺术造型设计原理，才能设计出新颖奇特、富有个性的好作品，使包装造型达到形态与功能、形态与艺术的完美结合。

包装造型设计的原则

1. 适应商品

　　不同的商品有各自不同的立体形态、面貌特征，单一的包装造型无法满足多种多样的商品特性。这就要求设计师在进行包装设计时，针对不同商品的特性，合理选择包装形式，设计出适用于此商品的包装造型。例如有些药品与化妆品不宜长时间受光线照射，长时间的照射会加速商品的变质，这时就应采用不透光材料或透光性差的材料；再例如碳酸类饮料、啤酒类产品具有较强的膨胀气体压力，所以容器应采用圆柱体外形，以利于膨胀力的均匀分散。也可以说不同的商品特性造就了不同形态、不同材质的包装设计。如图2-2～图2-6所示，液体容器设计大多采用了透光性高的材质，这些包装采用了圆柱体造型，充分展示了商品的特性，瓶签的设计也为包装增添了无限意趣。

图2-2

17

图2-3

图2-4

图2-5

图2-6

2. 安全保护

　　包装对商品的保护性不单单体现在保护商品不受外力碰撞的物理性侵害上，还应该体现在使商品不受到化学性侵害等方面，所以在进行包装设计时要充分考虑到包装对商品是否起到了安全合理的保护作用。包装造型形态的安全设计为商品保护提供了更有力的保障（图2-7）。

图2-7

3. 方便使用

　　包装造型的设计应尽量体现出对消费者携带和使用过程中的体贴和关怀。在日常生活中，人们对于方便携带、易于开启和使用的商品总会给予更多的青睐。这就要求设计师在设计时根据商品自身特点，挖掘产品特性，保证包装的实用性。同时还要结合人体工学原理，对人体接触商品包装时相互协调、相互适应的关系进行充分的考虑。消费者在开启和使用商品时，倾倒、拿取等动作能够舒适顺畅地进行，是包装造型设计中的重点。

如图2-8所示，在这款竹汁饮料的包装设计中，竹子的形态以及健康的"绿色"将会吸引更多消费者的关注。该产品在销售的过程中，向上叠加码放的包装很容易使人联想到生长的竹子，给人以环保、绿色、健康的印象。包装造型易于"把握"，易拉罐便于开启，该设计充满了对消费者的体贴和关怀。

图2-8

4. 外形美观

包装造型同时应该注重消费者的视觉和触觉感受。从视觉美的角度来说，包装造型应当具有独特的形式美感，运用形式美法则，设计新颖独特的包装造型。另外，除了视觉体验，还要注重消费者对于包装造型的触觉感受。不同的触觉感受，不同的材料质地，所传递的情感信息也不尽相同。产品包装外观需要从造型、颜色、肌理、图案等不同方面进行探索，精美的包装造型设计能够提高产品的附加值，起到"无声售货员"的作用。如图2-9所示，这一包装将"HOUJYU"刀鱼寿司包装盒盖部分进行设计，与内层的彩色包装纸相互叠加形成了萝卜的形状，增加了强烈的自然气息，给人以耳目一新之感，使之在众多的包装设计中脱颖而出。

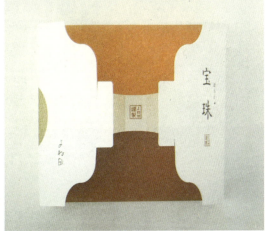

图2-9

5. 工艺合理

为不同的商品进行包装造型设计，所选用的包装材料也有所不同，应该注意加工工艺与包装材料是否相适应，同时应考虑加工工艺与产品内容的内在统一关系，以及加工工艺的成本（图2-10、图2-11）。

图2-10

图2-11

包装造型设计方法

包装造型设计属于三维空间的立体造型设计范畴，因此在设计的思维方法上也应该采取多角度、全方位的考虑方式。

1. 体量叠加

单纯的包装造型通过体量的叠加，就可以获得全新的立体形态。对体块进行堆积、膨胀的变化处理时应考虑到各个部分的大小比例关系，空间层次是否和整体协调统一。如图2-12所示，包装造型采用多重金属圆环，通过累积和叠加，形成螺旋上升的形态。如图2-13所示，soymamelle牛奶包装的瓶形设计选择牛乳的造型，容器里面的牛奶仿佛是刚刚挤出来的，给人以健康、新鲜、绿色、天然之感。带圆孔的瓶盖设计便于消费者携带，使其在实用性上有了很大的提升。

图2-12

图2-13

2. 切割变化

和体量叠加一样，切割变化也是对造型的体量塑造，所不同的是切割变化是对体量进行"减法"处理。一般是对基本型进行局部切割，使形态产生面的变化（图2-14～图2-16）。通过对包装造型进行适当的切割变化，使其外部形态拥有了优美的曲线，体现了女性之美，符合化妆品包装的设计理念。

3. 凹凸变化

对包装形体的局部进行凹陷或者凸起的变化处理，可以增加造型的纵深感和起伏感。通常可以通过位置、数量、弧度等方面对造型进行变化处理，但要注意凹凸的深度和厚度不宜过度，要把握设计的尺度（图2-17～图2-19）。

图2-14

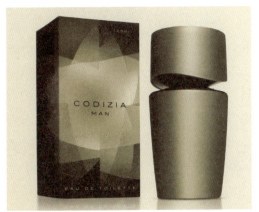

图2-15

图2-16

图2-17

图2-18

图2-19

4. 仿生与象形

自然界中的山水景物、动物、植物都具有其独特的造型特点，优美的曲线、立体形态以及空间关系都能够成为包装设计的良好参考。商品包装中很多包装容器借鉴了大自然中的生态形象，水滴、葫芦、瓜果、树叶等形态各异的造型在包装设计中被广泛使用。

象形手法与仿生手法略有不同，如果说仿生是对自然生物形态的直接模仿，那么象形则是在写实模仿的基础之上进行加工和再创造。象形通过夸张、变形的艺术手法增强包装容器的感染力。如图2-20所示，象形的包装设计，其外观上呈现出优美的曲线。外观上的文字采用了倾斜或旋转的排列方式，符合流线性的特质，拥有动感的同时也充分体现了产品特性。

图2-20

5. 肌理变化

在包装容器设计中运用包装材料进行肌理变化和肌理对比，是设计师经常使用的设计手法之一。包装造型通过材质肌理的变化形成完全不同的视觉与触觉感受，使单纯的形体产生丰富的效果。如图2-21所示，对包装容器上的线条进行肌理变化，赋予了包装独特的视觉和触觉感受，流线型的肌理变化与产品特性相契合。如图2-22所示，对包装的局部进行凹凸的肌理变化，为简洁的包装增添了活力。

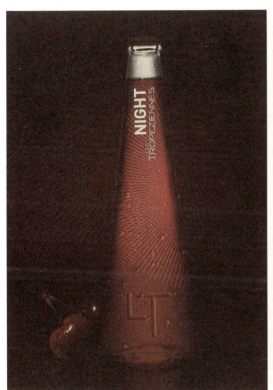

图2-21

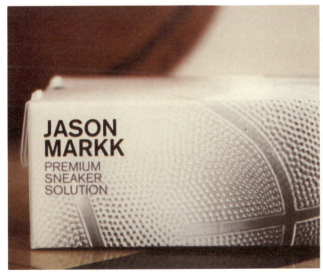

图2-22

6. 空间变化

　　空间变化可以被视为是一种特殊的"减法"处理，对包装造型进行空缺变化，形成大小不同、虚实相间的效果。在进行空间变化处理时，要注意空缺部分不宜复杂，也不宜过多，要注重包装造型整体的空间效果。如图2-23所示，该包装利用空间变化进行设计，具有无限的延展性，为消费者在使用的过程中增添了更多趣味。

图2-23

7. 变异手法

变异手法是指在相对统一的结构中安排造型、材料、色泽不同的部分，使这个变异部分成为视觉的中心点或是创意的重点表现之处，从而使整个立体造型富于变化，具有层次感、节奏感和韵律感。如图2-24所示，这款香水的包装采用了玻璃和金属两种不同质感的材料，变异的设计赋予了香水强烈的层次感和节奏感，体现了产品高贵的气质。

图2-24

8. 容器盖变化

在整体造型统一的设计前提下，容器盖的造型可以丰富多样，这给容器的造型设计提供了丰富变化的可能，通常容器盖部分并不承担装载商品的功能，只是起到密闭的作用，但通过精心设计，容器盖可以成为整体造型中锦上添花的部分，从而提高容器的美感。如图2-25所示，瓶盖设计可谓是瓶型包装中的点睛之笔，包装的瓶盖被设计成方块的形状，这使提取和携带更为便利。同时又为瓶子的包装增添了意趣。如图2-26所示的APOTHEKE FRAGRANCE线香包装，设计师Taro Uchiyama通过古朴的设计风格为产品营造了简单优雅的质感，盖子部分与设计整体相得益彰。

图2-25

图2-26

 包装造型设计过程

造型设计是包装设计中的重要组成部分，这并不是一个简单的过程，从构思到成型需要多次的推敲、斟酌和反复修改，以达到理想的效果。一般的设计过程，需要经过草图设计、效果图绘制、模型制作和结构图绘制这几个环节。

1. 草图和效果图

草图是设计表现的最初形式，可以用简练的视觉语言和快速的表现手法体现创意构思，它凝结了设计师的设计理念和创新思维。草图的绘制简便易行，可以根据需要不断进行修改和完善，具有便捷、快速的特点。草图中利用简单的线条勾画出产品包装的外形，为后期的设计提供了最初的雏形。

和草图相比较，效果图的绘制更趋于完整和完善，更加注重细节。设计效果图用概括、快速、准确的艺术语言，力求精准地表现包装造型的体面关系和色彩质地（图2-27）。不同的设计师可以根据喜好和习惯选择不同的工具，常用工具有钢笔、马克笔等。

图2-27

2. 模型

效果图是在平面空间里对包装造型进行的设想，对体面形态和空间处理还有待推敲和完善，因此就需要制作立体模型用以考量和验证（图2-28）。

图2-28

3. 结构图

结构图一般是根据投影的原理画出的三视图，即正视图、俯视图和侧视图。结构图是包装容器定型后的制造图，因此必须按照国家标准制图技术规范的要求来绘制（图2-29～图2-33）。

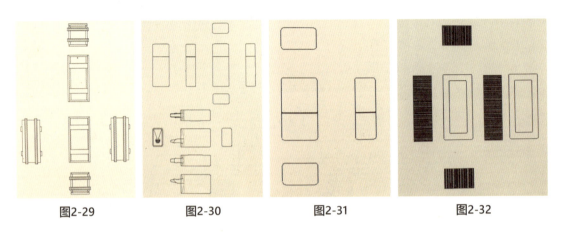

图2-29　　　　　　图2-30　　　　　　图2-31　　　　　　图2-32

图2-33

单元三

包装结构设计

包装结构设计是包装设计功能表达的重要一环，优秀的结构设计，需要反复地进行实验和改进，经过不断的调整和完善，才能达到理想的包装效果。

一 包装结构设计功能

1. 结构设计与保护功能

包装设计中加强包装的缓冲结构，可以到强化产品的防震、防碎功能。包装是否能够安全有效地保护商品，取决于包装结构设计是否合理和牢固（图3-1、图3-2）。

图3-1

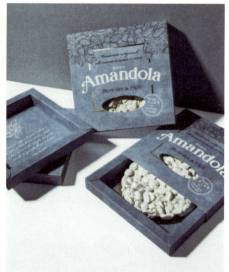

图3-2

2. 结构设计与储运功能

商品从出厂到销售，要经过运输和储存的过程，在这个过程中，搬运方式和运输工具会对包装结构设计的合理性进行严格的检验。从运输包装讲，外形包装应以长方体为主，这样可以无缝隙码放，也可以纵横交叉堆码。如图3-3所示，外形为长方体的包装，形状规则，相较于其它造型更加便于码放。在包装结构上，既可以对商品起到保护作用，又为制造者、销售者以及消费者提供了运输上的便利。

图3-3

3. 结构设计与便利功能

结构设计的便利性主要包括方便开启、便于存放、方便携带等功能，同时还有便于回收，利于循环再利用等。如图3-4所示，一分为二的包装结构设计，让消费者使用起来更加方便。这样一个小小的不同，使得其结构更加新颖，造型更加独特。如图3-5所示，鞋盒独特的开启方式以及合理的结构设计，使消费者易于拿取，便于携带。

图3-4

图3-5

4. 结构设计与促销功能

近年来，随着自助式购物与网络购物等消费方式的兴起，包装已经不仅仅有包裹和保护的功能，它还具有重要的推销与宣传功能。优秀的结构设计可以使商品包装具有独特的个性和气质，进而吸引消费者的注意，增加购买欲。如图3-6所示，包装上醒目的文字以及明快的配色给人以清新之感，拉近了消费者和商品之间的距离，具有促销功能。

图3-6

5. 结构设计与环保功能

　　合理的结构设计能够在确保商品安全的基础上，尽可能地节约材料，且包装结构易于安装和拆卸，可节省更多的人工成本，便于回收和废物处理。这些都有利于社会的可持续发展，为绿色环保提供更多的可能。如图3-7所示，这是一款彩色铅笔的包装设计，使用了环保纸材，瓦楞纸的使用传递给人以环保绿色的信息，配合饱和度高的小面积色块，给人以强烈的视觉冲击力。如图3-8所示，这是一款电灯的包装设计，在满足包装功能的基础上尽可能节省了材料和油墨，包装的信息以镂空的方式呈现，是一款典型的"无印刷"包装。如图3-9所示，此包装采用单色印刷，便于回收，利于环保。

图3-7

图3-7

图3-8

图3-9

二 常见包装结构

包装结构形式多样，这主要取决于商品的多样性。不同商品具有不同的特性，包装结构形式的设计也就不尽相同。其主要样式有盒式、罐式、袋式、瓶式、盘式等等。

1. 盒式结构

盒式结构多用于包装固体状态的商品，是一种最常见的包装结构（图3-10～图3-12）。这几款包装均属于盒式结构包装。虽然各自造型不同，但是都可以完美地诠释包装的各项功能，这也是盒式包装的优势所在。盒式包装在结构上灵活多变，容易成型。包装根据结构设计的不同，其开启方式也各不相同。

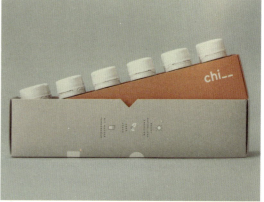

图3-10

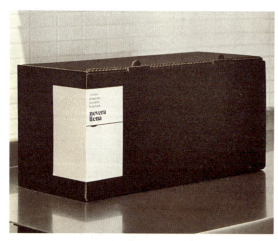

图3-11

图3-12

2. 瓶式结构

瓶式结构多用于存放液体商品，根据包装材料可以分为塑料瓶式包装与玻璃瓶式包装等。瓶式结构包装的密封性较好，存放液体不易溢出。瓶式结构包装设计因商品特性和品牌风格的迥异而不同。瓶贴是设计的关键部分，瓶贴的设计要求与瓶型设计完美结合（图3-13～图1-15）。

图3-13　　　　　　　　　　图3-14　　　　　　　　　　图3-15

3. 罐式结构

罐式包装多用于液体、固体混装的商品，具有良好的密封性与抗压性。如图3-16、图3-17所示，罐式包装会根据产品的不同而形成不同的大小和比例关系，包装食物的罐式结构和包装液体饮料的罐式结构的高度与宽度的比例是不同的。包装食物的罐式结构要方便消费者食用和拿取食物，而包装液体饮料的罐式结构往往较高，更易于消费者饮用。

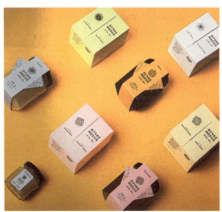

图3-16

图3-17

4. 袋式结构

　　袋式包装多用于包装固体商品，常见的袋式包装有纸袋和塑料铝箔袋。巧妙的结构设计可以让"使用"变得更加便捷（图3-18）。除了纸质材料外，透明塑料袋可以使消费者看见部分商品，利于购买。如图3-19、图3-20所示，这是Modular Robotics玩具包装设计，在有效保护产品的同时可以进行精美的印刷。

图3-18

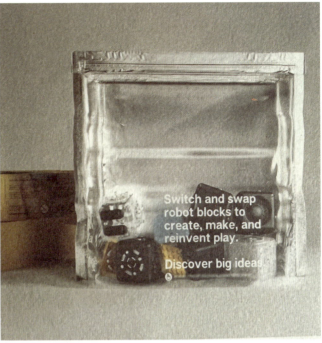

图3-19

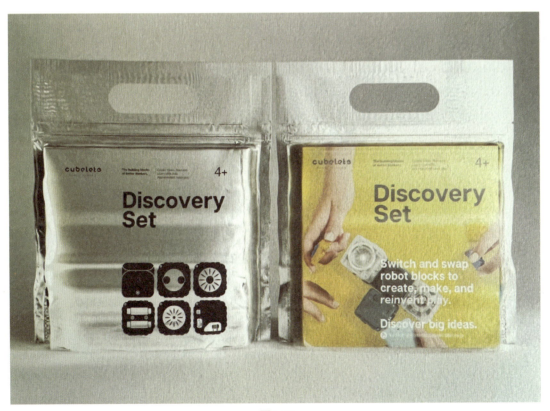

图3-20

5. 泡罩式结构

将产品置于纸板和塑料板、铝箔制成的底板上,再覆以与底板相结合的吸塑透明罩,既能透视商品,又能在底板上印刷文字与图案。如图3-21所示是一款耳机包装,耳机产品与包装底板上印刷的图案相得益彰,形成了富有新意的包装设计。

图3-21

6. 盘式结构

广义上来讲,盘式结构也包含碗式结构和杯式结构,此结构多用于食品包装。其包装材料大部分选用涂布硬纸与薄塑料片基等材料,方便成型,易于加工。如图3-22所示,这款AJOTO笔包装属于盘式结构,该设计与可持续材料和工艺相结合,使包装更加实用和环保。盘式结构还可以用于个人洗漱用品等产品,方便携带,易于存取。

杯式结构也可以归纳在盘式结构当中。如图3-23所示,这是一款香薰包装设计,合理的结构设计既可以很好地包裹商品,又可以将商品信息完美地展现给消费者。

图3-22

图3-23

7. 箱体结构

箱体包装多用于固体商品的包装，是最为常见的包装结构之一。其容量较大，便于储存和运输，多以瓦楞纸板等材料制成。如图3-24所示，瓦楞纸板经过巧妙的拼插组合成箱体结构，同时表面没有进行印刷，节省了成本，也更加环保。该包装的标签被设计成一张收据的样式，巧妙新颖。

8. 管式结构

管式结构多用于半液体商品包装，多带有管肩和管嘴，以金属软管或塑料软管制成，便于使用时挤压。如图3-25所示，设计师用卡通插画的方式向消费者诠释了商品的生产过程。可爱有趣的插画让消费者产生阅读的兴趣，从而便于其深入地了解商品。

图3-24

图3-25

常见的包装结构除以上几种外还有篮式结构、套式结构等。如图3-26所示，用篮式结构包装食品会给人一种贴近自然的感受。容易使消费者联想到食品最初的包装方式，这与食品绿色、天然、健康的理念相契合。

图3-26

如图3-27、图3-28所示"ROCCA"月夕中秋礼盒设计，该包装是为澳门一家法式糕点店的中秋礼盒而设计的，包含一套两盒的法式糕点。该包装融入了中式元素，套式礼盒传达出该品牌与众不同的气质。

图3-27　　　　　　　　　　　　图3-28

三 纸盒包装结构设计

不同商品要根据不同的特性选择不同包装材料和加工工艺进行设计，例如塑料包装、玻璃包装、金属包装、竹木包装等等，其包装材料不同，加工工艺和结构设计也就不同。这里我们主要针对广泛应用于商品包装的纸质材料进行结构设计的研究。

1. 纸盒包装的特点

纸盒包装是目前应用最为广泛，结构变化最多的一种包装形式。具有成本低，易加工，适宜大批量生产，结构变化丰富多样等优势，且能够进行精美的印刷，以促进销售。纸盒包装在使用之前是折叠压平的形态，因此其运输和存储成本较低（图3-29，图3-30）。

图3-29

图3-30

　　纸盒包装对于商品的重量及大小尺寸是有所要求的。一般的纸盒包装与用于外包装的瓦楞纸箱在用途及定位方面是有所区别的。纸盒包装使用的纸材厚度一般应在0.3～1.1毫米之间，因为小于0.3毫米硬度不能满足韧性要求，大于1.1毫米则在加工上难度较大，不容易得到合适的压痕，也不易粘接。纸盒包装在装入商品之前，是以折叠压平的形式堆码运输和储存的，这是纸盒包装区别于其它形式包装的另一重要特征。在纸盒包装的范畴内，还有一种手工性很强，小批量生产的粘贴纸盒，常用于工艺品、礼品、生日蛋糕等食品的包装，而这类包装一般是不需要折叠压平的。如图3-31所示的"和"清园普洱茶膏文化礼品包装，该包装由栾清涛老师设计，荣获全国美展大奖。该包装利用书籍与活字印刷相结合的方式进行设计，彰显了产品的文化气息。

图3-31

2. 纸盒包装设计的注意要点

（1）纸张的厚度

在结构设计时要考虑到纸张的厚度以及柔韧性，在接口和转折处尤其需要注意，力求使包装盒体摇盖部分与插接咬合部分紧密牢固，这样才能够确保纸盒印刷成型后的效果（图3-32）。

（2）摇盖的咬合关系

正确地处理摇盖部分与纸盒的咬合关系，确保盒盖不会轻易地弹开。通过咬舌处局部的切割，并在舌口根部作出相应的配合，可以有效地解决包装牢固性问题（图3-33）。

图3-32

图3-33

（3）摇盖插舌的切割形制

正确的摇盖切割形制应该是在插舌两端约二分之一处做圆弧切割，而不是在插舌处做斜线切割，这样才能将摇盖更加牢固地插入盒体，增强纸盒的牢固性（图3-34）。

（4）正确使用制图符号

如图3-35所示，图中的制图符号分别表示：裁切线、尺寸线、齿状裁切线、内折压痕线、外折压痕线、断裂处界线、涂胶区域范围、纸张纹路走向。

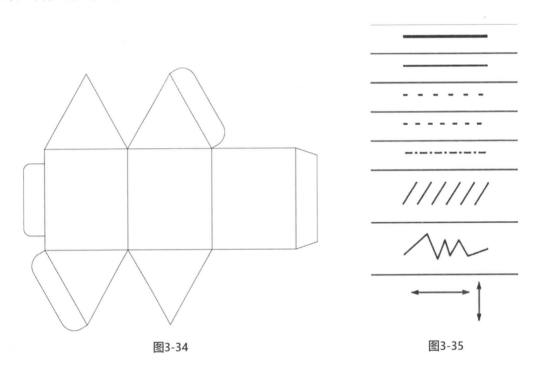

图3-34   图3-35

（5）纸盒的固定

固定纸盒的方法通常有两种。第一种固定方法不用粘接或打钉，而是根据纸盒自身的结构关系，在设计上使盒体两侧相互紧扣，这种固定方法外形美观，生产工序简便，但是为了纸盒的牢固，应该尽量避免结构复杂的组接。第二种固定方法是利用粘接或打钉的固定法。如图3-36所示，利用粘接的方法可以使纸盒预先粘接好某些部分，生产时多一道工序，但在使用时纸盒的牢固程度会大幅提高。比如管式结构的自动锁底采取预粘的方法，使用时底部的工序被简化为零，非常方便。打钉的方法则适用于较厚的板纸或瓦楞纸，由于此类纸厚度大、弹性强，所以不易粘接，采用打钉的方法加工就会较为简便。

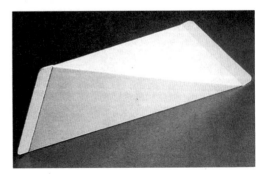

图3-36

3. 纸盒结构设计

（1）管式纸盒结构

管式纸盒结构是日常生活中使用最为普遍的包装结构。外形呈四边形，纸盒侧面有粘口。经济实用，多用于食品、药品、化妆品以及生活日用品等物品的包装。管式纸盒结构根据商品的不同特性与类型，在进行摇盖与盒底的设计时会应用不同的组装方式，呈现出多种结构样式。其中纸盒包装的盒盖部分是消费者开启包装的着手之处，所以方便开启、易于操作是盒盖结构的设计重点。盒盖的结构设计方式主要有：摇盖插入式、锁口式、插锁式、粘合封口式、连续摇翼窝进式等等。而包装盒底通常承载着商品的全部重量，所以牢固性是纸盒盒底结构设计的重要因素，同时在安全牢固的基础上，还要注意装填商品时是否操作简单、节省人工成本和时间成本等等。包装盒底常用的结构方式主要有：别插式锁底、自动锁底等。

（盒盖结构）摇盖插入式：其盒盖部分有三个摇盖，主盖有插舌，以便插入盒体起到封闭作用。设计时应注意摇盖的咬合关系。摇盖插入式的结构在包装应用中最为广泛（图3-37、图3-38）。

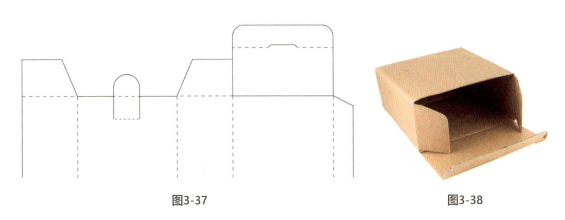

图3-37   图3-38

（盒盖结构）锁口式：这种结构中正背两个面的摇盖可以相互插接锁合，使封口更为牢固（图3-39）。

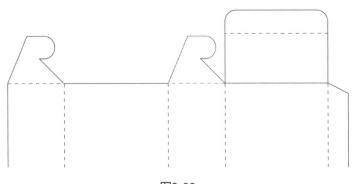

图3-39

（盒盖结构）插锁式：此结构将插接与锁合两种方式结合，比摇盖插入式更为牢固（图3-40）。

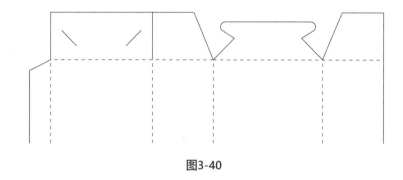

图3-40

（盒盖结构）粘合封口式：密封性能好，适用于机器自动化生产。该结构主要适合包装粉状、粒状的商品，如洗衣粉、谷类食品等（图3-41、图3-42）。

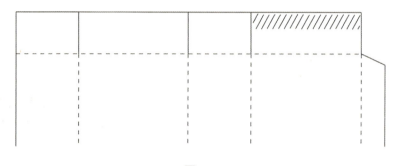

图3-41

图3-42

（盒盖结构）连续摇翼窝进式：这种锁合方式虽然造型优美，但手工组装和开启较麻烦，适用于礼品包装（图3-43）。

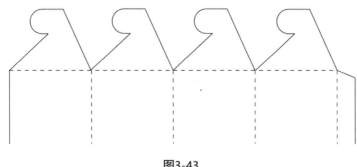

图3-43

（盒底结构）别插式锁底：通过"别"和"插"使管式纸盒底部的四个摇翼部分相互咬合。该结构组装简便，有一定的承重能力，在管式结构纸盒包装中应用较为普遍（图3-44）。

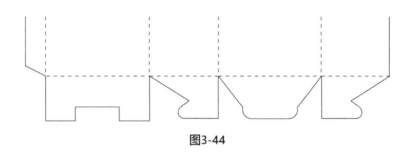

图3-44

（盒底结构）自动锁底：自动锁底是采用了预粘的方法，使用时只要撑开盒体，盒底就会自动恢复锁合状态，使用极其方便，省时省工，具有良好的承重能力，最适合自动化生产（图3-45）。

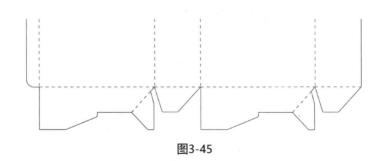

图3-45

（2）盘式纸盒结构

盘式纸盒结构一般分为上下两个单体组合而成。其是由纸板四周进行折叠咬合、插接或粘合而成型的纸盒结构。多用于包装服装、鞋帽以及礼品等。盘式纸盒结构的成型方法有别插式、锁合式等。其盒盖的结构设计一般包括：罩盖式、摇盖式、抽屉式、书本式等。如图3-46所示，该运动鞋盒采用罩盖盘式纸盒结构包装，富有创意，充满活力。

图3-46

（3）手提式纸盒结构

该纸盒结构形态与手提袋相似，是在商品包装中为了方便手提而设计的一种纸盒结构，多用于礼品、饮料、食品等有一定重量或体积较大的商品。其具有结实、牢固、便于携带等特点，如图3-47所示的稻米包装。

图3-47

（4）开窗式纸盒结构

开窗式纸盒结构属于半封闭式包装结构，该结构在纸盒盒体表面切出"窗口"，使商品直接面向消费者。这种包装可以使消费者通过"开窗"了解商品，获得商品相关信息，从而进行购买。开窗式纸盒包装的窗口形式多样，可根据需要切出各种形状的"窗口"，一般要在"窗口"上覆以透明材料，防止灰尘的进入。如图3-48所示的"HAKKO SEIKATSU"发酵食品包装，设计师合理地进行了开窗式设计，使包装设计呈现出多层次的视觉美感。

图3-48

（5）POP式纸盒结构

POP为英文"Point of Purchase"的缩写，意思是在售卖场所促进销售的广告。是第二次世界大战以后随着美国超级市场的出现而兴起的一种商品销售与广告相结合的促销形式。POP式纸盒结构是结合商品包装与POP式广告宣传为一体的包装结构，自带展示、促销的功能结构方面层次清晰，展示效果甚佳（图3-49）。

图3-49

（6）可挂式纸盒结构

在超级市场中，一些体积较小、分量较轻的商品可以采用吊挂的方式进行陈列和展示，既节省了货架空间又增强了展示效果。通常这类商品包括小食品、儿童玩具、五金小件等。可挂式包装结构将盒体展示面加长，并可在适当部位开孔，方便吊挂（图3-50）。

图3-50

图3-50

（7）间隔式纸盒结构

间隔式纸盒结构通常用于对成组、成套的商品进行包装，利用包装附件或与盒体自然连接的部分对包装内部空间进行分隔，从而加强对商品的有效保护（图3-51～图3-53）。

图3-51   图3-52

图3-53

（8）漏口式纸盒结构

漏口式纸盒结构多用于粉状或粒状商品的包装。漏口的位置、形状、大小、材料应根据商品的特性进行合理设计，以方便消费者的使用。如图3-54所示，这是一款鱼粮包装，设计合理且方便使用。

（9）仿生式纸盒结构

仿生式纸盒结构通过模仿自然中植物或动物形态来进行立体造型设计。这类包装造型简练，结构单纯，形象生动，并具有一定的装饰性和趣味性（图3-55），多用于儿童用品、节日用品和礼品包装。

图3-54

图3-55

单元四

优秀案例赏析

一　林云笔坊两用包装

设计者：许力

　　此款包装考虑到使用者在书写过程中需要笔搁来搁置毛笔，在书写结束后需要将用完的毛笔洗干净，再将毛笔悬挂到笔架上，以保持笔锋的顺直。笔架、笔搁与毛笔之间存在着紧密联系，因此，设计者将它们结合起来，设计了一款毛笔两用包装盒（图4-1～图4-3）。

　　这款毛笔包装盒由一张100%可再生纸折合而成，取出毛笔后，根据盒子上的易撕线和折线，可将包装盒分成8个部件，8个部件相互卡合可以组装出一个笔架（包括笔搁）。包装盒上的品牌字采用模切技术完成。整个包装盒无印刷，无胶水，包装盒完成包装功能后，可以完全转换成一个笔架，不产生资源浪费，是一款绿色环保的两用包装。

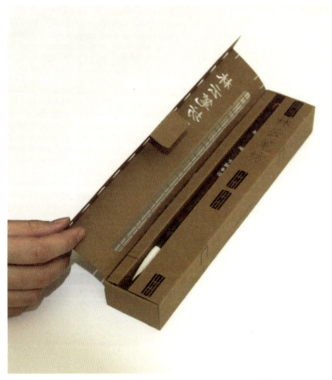

图4-1

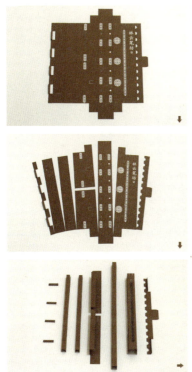

图4-2

图4-3

三 "荷韵"竹炭高级茶巾销售包装设计 设计者：史墨

　　"荷韵"竹炭高级茶巾的包装设计有效结合了商品特点，合理利用包装空间。合理的包装结构设计与产品自身特点相呼应，将人使用茶巾时的"转拧"动作融入到包装造型中，盒体转拧的部分起到了间隔茶巾的作用，同时转拧部分的内部空间依然可放置商品，在不浪费空间的基础上，又能够起到间隔作用。

　　市场上销售的高级茶巾，其包装大多分为两个部分，即用于销售的外部包装和用于间隔茶巾与茶巾之间的内部包装。而该设计在全封闭包装的基础上，将外部销售包装与内部间隔包装有机结合在一起，减少了内包装的耗材，从而达到节约整体包装材料的目的。

　　该包装在工艺方面采用切口与折痕的方式，根据折痕对盒体进行简单的折压，绿色无胶，便于回收，制作简单，便于操作。（图4-4）。

图4-4

图4-4

三 "好时"节能灯包装结构设计

设计者：史墨

　　"好时"节能灯包装基于"绿色"概念进行设计，根据节能灯本身的造型特点，在灯口与灯管底端的位置上对包装盒进行切割，并根据折痕向内折压，折压后的包装盒与灯体相契合，盒体向内折压的部分有力地卡住灯口与灯管，灯体被严格地固定在盒体内，即使打开包装盒的顶端与底端，节能灯也不会轻易脱落，起到了有效的保护作用（图4-5）。通过落地试验发现，采用这种包装的节能灯比采用普通全封闭包装的节能灯更加不易破损。

　　市场上销售的节能灯的包装大多分为两个部分，即用于销售的外部包装和用于防震缓冲的内部包装（图4-6）。而"好时"节能灯包装将外部销售包装与内部缓冲包装有机地结合在一起，合并包装附件，节省了包装材料。减轻了重量，更加便于回收、减少包装垃圾和废物处理。同时减少了包装程序，易于实现工业化批量生产，为包装到运输这一整体循环过程节约了成本（图4-7、图4-8）。

图4-5

图4-6

    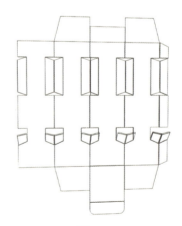

图4-7　　　　　　　　　　　　　　　图4-8

　　此包装结构设计合理，包装造型独特，与产品本身相呼应，可以达到区别于其它产品的效果。

"Kfood"儿童食品趣味包装设计 设计者：赵汗青

Kfood儿童食品包装设计主要针对的是3～6岁的儿童。通过调研的数据分析，可以发现：1～2岁的儿童喜欢玩弄纸制品，特别喜欢撕纸；2～3岁的儿童由于手指动作较差，常常还未折出物体，纸张已经被弄破了；3～6岁的儿童随着年龄的增长手眼协调能力发展得更加完善，以及对折纸有了一定的积累。

通过对折纸艺术形态进行系统有效的整理分析，在折纸与包装的结合方式方面进行了大胆的尝试，绘制了大量的草图，从而设计出适合年龄段，同时又可以满足儿童需求的包装设计。

4种饼干包装的平面设计均以手绘的插图形式呈现：将糙米、燕麦、玉米、小米的形象与饼干相结合（图4-9），风格统一而又不显单调，既符合主题，又能在视觉上吸引儿童的注意力。盒盖与盒体相连成为一个整体，盒盖上有产品的品牌logo、名称、营养成分表、折法说明示意图等信息（图4-10～图4-15）。

图4-9

图4-10

图4-11

图4-12

图4-13

图4-14

图4-15

在包装结构方面：正方形的包装盒，打开盖子后，盒体就会立刻扩散开来，每个盒体结构图的背面都有一张折叠示意图，把包装盒体展平，根据纸上的折叠线进行折叠，折叠过程中，孩子可以根据需要，参照盒盖的趣味折纸说明（示意图）进行折叠。

1. 数字、字母的折法

数字、字母的折法比较简单，先以数字6和数字9的折法为例（图4-16）。将数字6、数字9的虚线图（图4-17）按照折法说明（图4-18）进行折叠，得出相应的效果图（图4-19）。具体的折叠过程如下。第一步沿中线对折；第二步再沿中线对折，又形成一个比之前窄的长方形；第三步再次沿中线对折，形成一个最窄的长方形；第四步沿着虚线向里折；第五步沿着虚线往左下折；第六步沿着虚线往右折；第七步沿着虚线从下往上折；第八步沿着虚线从右往左折，数字6就折出来了。数字9与数字6的前三步都一样，是从第四步有变化的：第四步沿着虚线从右往上折；第五步沿着虚线往右折；第六步沿着虚线往右下折；第七步沿着虚线从右往左折；第八步沿着虚线往右折，这样数字9就折出来了。

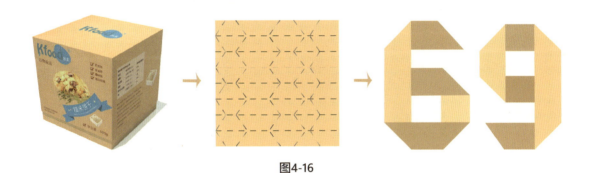

图4-16

图4-17

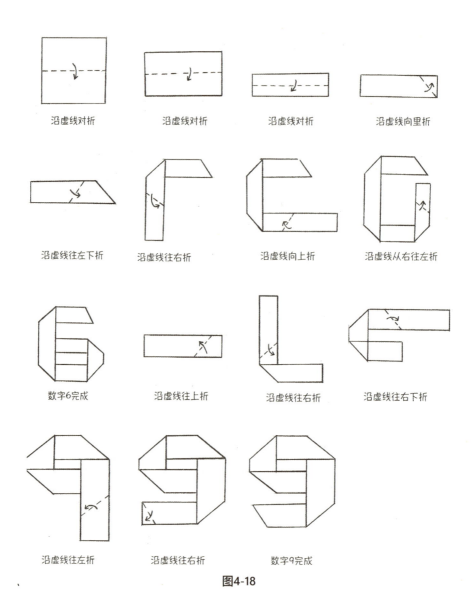

沿虚线对折　　　　沿虚线对折　　　　沿虚线对折　　　　沿虚线向里折

沿虚线往左下折　　沿虚线往右折　　　沿虚线向上折　　　沿虚线从右往左折

数字6完成　　　　沿虚线往上折　　　沿虚线往右折　　　沿虚线往右下折

沿虚线往左折　　　沿虚线往右折　　　数字9完成

图4-18

图4-19

2. 立体图形的折法

对比平面数字折纸而言，立体图形在"折纸"的过程中更具有趣味性，让儿童觉得有意思，能深入地玩下去。以兔子的折法流程为例（图4-20），从其虚线图（图4-21）上就能模糊地看出兔子的形状，按照折法说明的15步（图4-22）进行折叠，就能折出一个可爱、俏皮的兔子（图4-23）。

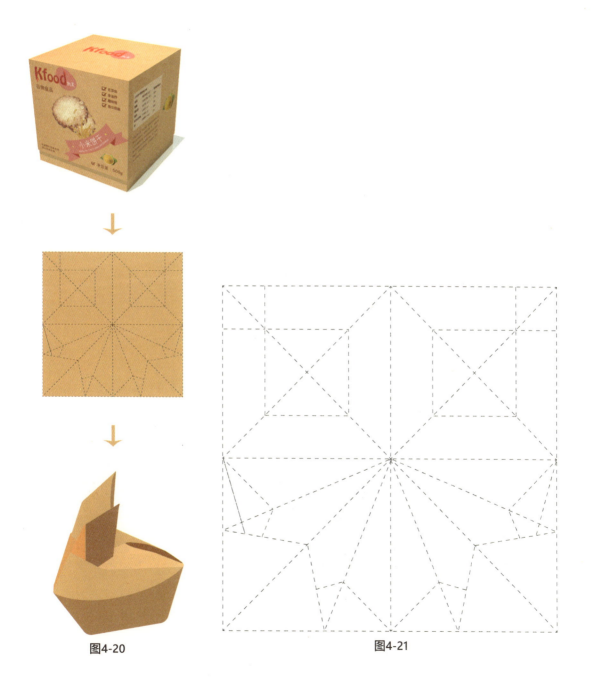

图4-20   图4-21

上边沿虚线向下对折

右边沿虚线向左对折

上层的左上角沿虚线往右撑开，带动
下一层沿点划线压折出一个等腰三角形

反面相同折法

双三角形完成

把双三角形纸的左右角分别沿线
向中间折

上层左右角分别沿线向中心折

两上顶角都沿线向下折

分别沿虚线往左在右向下折，并各
自塞进夹层里

翻过来

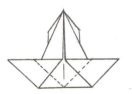
左右角分别沿线向中间折

两个顶角分别沿线往上向左向右折，
并使上翻的两边保持在同一水平线上

下边左右角分别沿线向中间折

继续沿线向中间折

往下顶角的小孔中吹气，
并整体顺时针旋转90度

图4-22

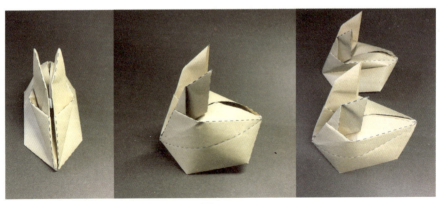

图4-23

五　包装造型优秀设计案例

　　当今，市场竞争日益激烈，产品包装设计逐渐超越了保护与便携等基础功能，成为了品牌形象传达以及市场差异化战略中重要的组成部分。本节针对包装造型选取了一部分近年来的优秀设计（图4-24～图4-49），意在使读者通过案例感知当下的设计前沿，提高审美水平，以及了解包装设计的时代需求和未来发展。

　　优秀的包装往往具有"反常"的造型设计，即在"情理之中，意料之外"的视觉效果如图4-34、4-35等。除此之外，瓶盖、瓶贴等细节设计也可以为包装增添趣味，使之达到理想的设计效果。

　　随着人们对可持续发展的重视，越来越多的品牌开始探索环保材料的应用，一些新型材料可以在特定环境下达到自然分解。同时，"轻量化"设计也是设计师在"绿色设计"领域所追求的设计方式。

图4-24

图4-25

图4-26

图4-27

图4-28

图4-29

图4-30

图4-31

图4-32

图4-33

图4-34

图4-35

图4-36

图4-37

图4-38

图4-39

图4-40

图4-41

图4-42

图4-43

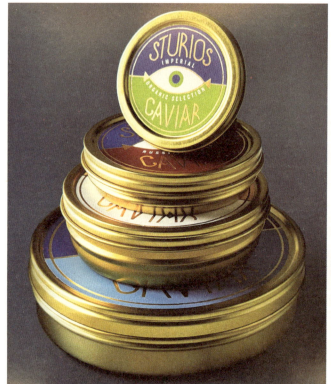

图4-44

图4-45

图4-46

图4-47

图4-48

图4-48

图4-49

六　包装结构优秀设计案例

　　优秀的包装结构不仅可以有效地保护商品，同时还能够传达设计理念、提升品牌形象。在设计过程中关注到以下方面，可以使设计作品更加适应社会的发展和时代的变化。

　　首先，优秀的包装设计不会是过度的、繁缛的。优秀的包装往往是合理的、恰到好处的。如何使包装结构符合产品特点，节省包装材料是设计师需要特别关注的。包装结构的优化设计可以使包装材料得到最大的发挥与利用，达到适度"轻量化"，有利于资源与材料的节约，有助于产品的存储与运输。图4-50～图4-77是包装结构优秀设计案例。

　　其次，随着市场经济的发展，具有趣味性与互动性的包装受到越来越多消费者的青睐。有趣的包装能够为产品增色，使普通产品更容易脱颖而出，如图4-54、图4-56。具有互动性的包装还能为消费者带来更加新鲜的体验感，有利于强化品牌特点与设计理念，如图4-53、4-55。

　　最后，创新材料正在被越来越多的人重视，人们正在积极探索利于降解且易于使用的包装材料，如图4-68。包装结构往往和材料密不可分，关注创新材料的应用能够为结构设计带来更多的可能。

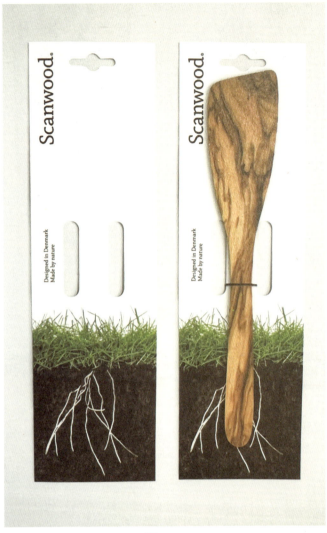

图4-50

图4-51

图4-52

图4-52

图4-53

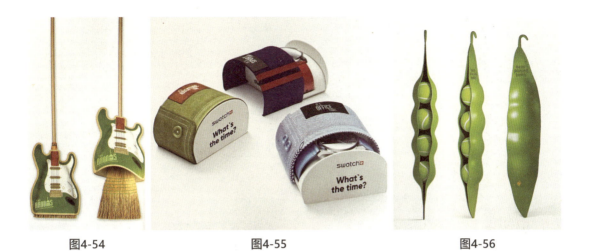

图4-54   图4-55   图4-56

图4-57

图4-58

图4-59

图4-60

图4-61

图4-62

图4-63

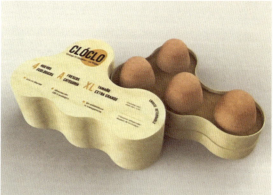

图4-64

图4-65

图4-66

图4-67

图4-68

图4-69

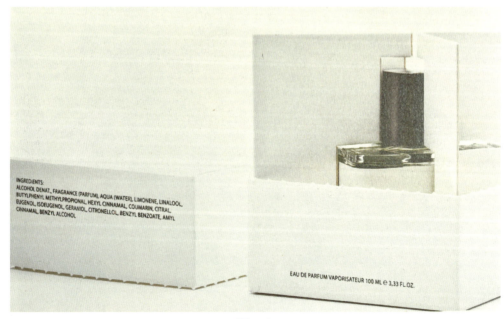

图4-70

图4-71

图4-72

图4-73

图4-74

图4-75

图4-76

图4-77

参考文献

[1] 陈磊.纸盒包装设计原理：创意与结构设计手册[M].北京：中国青年出版社，2012.

[2] 陈磊.包装设计[M].北京：中国青年出版社，2006.

[3] 朱彧.容器造型设计表现技法[M].合肥：合肥工业大学出版社，2006.

[4] 李闯，莫快.包装容器造型与教学[M].长沙：湖南美术出版社，2010.

[5] 刘克奇，曾宪荣.现代包装容器造型[M].长沙：湖南人民出版社，2007.

[6] 陈小林.包装设计[M].成都：四川美术出版社，2006.

[7] 加文·安布罗斯，保罗·哈里斯.创造品牌的包装设计[M].北京：中国青年出版社，2012.

[8] 萧多皆.纸盒包装设计指南[M].辽宁：辽宁美术出版社，2003.

[9] 刘春雷.包装造型创意设计[M].北京：印刷工业出版社，2012

[10] 陈青.包装设计教程[M].上海：上海人民美术出版社，2012

[11] 肖禾.销售包装设计[M].北京：印刷工业出版社，2008

[12] 《液体包装视觉艺术》编辑组.液体包装视觉艺术[M].辽宁：辽宁科学技术出版社，2011

[13] 刘雪琴.包装设计教程[M].武汉：华中科技大学出版社，2012

[14] 安德鲁·基波斯.盒子瓶子袋子[M].北京：人民美术出版社，2011

[15] 莎拉·罗纳凯莉，坎迪斯·埃利科特.包装设计法则[M].南昌：江西美术出版社，2011

[16] 新查理.新包装设计[M].辽宁：辽宁科学技术出版社，2010

[17] 刘卉.包装设计[M].上海：东华大学出版社，2010

[18] 王雅雯.包装设计原则与指导手册[M].北京：人民邮电出版社，2023

[19] 刘曼曼，刘丽坤.包装设计[M].北京：中国传媒大学出版社，2022

[20] 马赈辕.解构包装[M].北京：化学工业出版社，2022

[21] 王绍强.包装设计艺术[M].北京：北京美术摄影出版社，2015

[22] 彭冲.包装进化论[M].沈阳：辽宁科学技术出版社，2018

[23] 三度图书有限公司.包装设计：案例解析与结构模板[M].北京：人民邮电出版社，2023

[24] 刘杨，袁家宁，陈丹.全球趣味包装设计经典案例[M].北京：中国画报出版社，2022

[25] Pentawards.THE PACKAGE 6 DESIGN BOOK[M].Slovakial: Taschen GmbH, 2021.

[26] Sendpoints. HELLO MR PACKAGE[M].China.: Sendpoints, 2010.